yǐn yán　yī zhī māo de zì shù
引言　一只猫的自述

xiǎopéngyoumen nǐ menhǎo　wǒ shì huāhua　wǒ shì yì zhī xiǎo jú māo　jīn nián sān
小朋友们你们好，我是花花！我是一只小橘猫，今年三
suì le　hěn gāo xìng zài zhè lǐ hé nǐ men jiàn miàn　xiāng xìn zài nǐ men de shēng huó zhōng
岁了，很高兴在这里和你们见面。相信在你们的生活中，
yí dìng jiàn guò xǔ duō xiàng wǒ yí yàng de xiǎo māo　wǒ shēng huó zài rén lèi de shì jiè zhōng
一定见过许多像我一样的小猫。我生活在人类的世界中，
shì jiā tíng zhōng de chǒng wù　yě shì rén lèi　qīn mì de hǎo péng you　bù zhī dào nǐ duì wǒ
是家庭中的宠物，也是人类亲密的好朋友。不知道你对我
liǎo jiě duō shao ne
了解多少呢？

suī rán wǒ yǒu zhe máo róng róng de kě ài wài biǎo　dàn shí jì shang wǒ kě shì jiǎo jiàn de
虽然我有着毛茸茸的可爱外表，但实际上我可是矫健的
bǔ liè néng shǒu　wǒ shì yì zhī māo kē dòng wù　zài wǒ de jiā zú zhōng　hái yǒu xǔ duō
捕猎能手。我是一只猫科动物，在我的家族中，还有许多
nǐ men shú xi de dòng wù péng you　bǐ rú shī zi　liè
你们熟悉的动物朋友，比如狮子、猎
bào hái yǒu lǎo hǔ　tā men dōu shì gè dì shí wù liàn dǐng
豹还有老虎，它们都是各地食物链顶
duān de shí ròu dòng wù
端的食肉动物。

wǒ men māo kē dòng wù de zǔ xiān qǐ yuán
我们猫科动物的祖先起源

于亚洲，在距离今天四千万年前，地球上就已经有我们的身影了，是不是很神奇呢？今天，全世界有41种猫科动物，光是猫咪就有一百多种。我作为家猫是从野猫驯化而来的。小朋友们，你们知道吗，世界上最早开始养猫的地区是西亚和北非。根据历史记载，我国最晚在西汉时期就已经能把野猫驯化为家猫了；而在唐朝的时候，家猫已经是很普遍的家庭成员了。

小朋友们，经过上述简单的介绍，相信你们已经对我有了一个初步的了解。接下来，我还要介绍我的其他猫咪朋友给你们认识，我还有许多小秘密要和你们分享呢！

mù lù

目录

dì yī zhāng zǒu jìn māo mī jiā zú

第一章 走进猫咪家族

dì èr zhāng xiǎo māo mī dà běn lǐng

第二章 小猫咪，大本领

dì sān zhāng māo de shēnghuó xí guàn
第三章 猫的生活习惯

第一章 走进猫咪家族

1 家有萌宠

小朋友们，这个世界上生活着各种各样的小猫，如果想要对它们进行仔细分类，恐怕要数上很久。一种最简单的分类方法是，将猫咪分为家猫和野猫两种。顾名思义，家猫也就是由人类驯养，在家庭环境中生活的小猫。

事实上，家猫是由野生猫驯化而来的，由于所处地区不同和生态环境各异，其品种也不同。世界上现有100多种小猫，其中常见的有30多种。小朋友们要注意的是，家猫和野生猫最大的区别在于，野生猫并非由人类饲养。在数千年前，有人把一些野生猫带回家饲养，经过拣选

再一代一代地繁殖，将野猫驯化成了家猫。今日我们抱在怀里的猫咪，正是经过这样的挑选与杂交后得到的。

家猫虽然看起来可爱，但却是十足的食肉动物，除了人类的喂食，它们还会猎捕各种小型哺乳动物、鱼类、昆虫等。由于家猫体内很难从植物中合成必要的氨基酸，所以小猫们无法“吃素”。小朋友们，如果你的家里刚好有猫咪陪伴，请记得不要画蛇添足，给它们喂食蔬菜类的食物。

当然，家猫有时也会啃食某些植物，如小麦的叶子、狗尾巴草等，但这只是为了协助它们吐出梳理毛发时香咽进去的毛球。

家养的猫妈妈怀孕周期大约为两个月。一只猫妈妈每年大约能生两次小猫，每次可以产下1~8只不等。小猫崽儿在出生后不能立刻睁开眼睛看看这个世界，要在7~20天内才能睁眼，半个月内小猫崽儿就开始学走路，在这一点上要比人

lèi
类

bǎo bao kuài duō le yuē sì zhōu
宝宝快多了。约四周

dà de shí hou xiǎo māo zǎir
大的时候，小猫崽儿

jiù néng chī gù tǐ shí wù le
就能吃固体食物了，

liǎng gè yuè zuǒ yòu xiǎo māo zǎir
两个月左右小猫崽儿

jiù néng duàn nǎi yuē gè yuè
就能断奶。约6个月

dà de shí hou xiǎo māo jiù néng dú lì
大的时候，小猫就能独立

shēng huó le suì zuǒ yòu xiǎo māo fā
生活了，1岁左右，小猫发

yù chéng shú chéng wéi dà māo kě yǐ yùn yù
育成熟，成为大猫，可以孕育

xià yí dài
下一代。

shēng huó zài rén lèi de chéng
生活在人类的城

shì zhōng de jiā māo yīn méi
市中的家猫，因没

yǒu zì rán tiān dí fán zhí néng lì jí qiáng àn zhào tuī suàn liǎng zhī wèi zuò jué yù de māo jí
有自然天敌，繁殖能力极强。按照推算，两只未做绝育的猫及

qí zǐ sūn zài nián nèi kě yǐ chǎn zǎir wàn zhī jīng rén de fán zhí néng lì shǐ de tā
其子孙在7年内可以产崽儿42万只。惊人的繁殖能力使得它

men zài xǔ duō guó jiā dōu biàn dé shù liàng guò shèng jí biàn zài duì dòng wù bǎo hù zuò de bǐ
们在许多国家都变得数量过剩。即便在对动物保护做得比

jiào chéng shú de měi guó měi nián yě huì yǒu shù bǎi wàn zhī jiàn kāng māo yīn wèi wú fǎ zhǎo dào
较成熟的美国，每年也会有数百万只健康猫因为无法找到

lǐng yǎng jiā tíng ér bèi pò zài jiù zhù zhōng xīn shí shī ān lè sǐ
领养家庭而被迫在救助中心实施安乐死。

gāo guì yōu yǎ de chángmáomāo
1.1 高贵优雅的长毛猫

cháng máo māo shì jiā māo de yì
长毛猫是家猫的一
zhǒng yǒuzhe yòuruǎn yòuhuá de cháng
种，有着又软又滑的长
máo shēn tǐ kuài tóu
毛，身体块头
jiào dà tuǐ
较大，腿
jiào
较
duǎn nǎo dai yòu yuán yòu dà biǎn biǎn de
短，脑袋又圆又大，扁扁的
xiǎo bí zi hái yǒumáoróngróng de dà wěi
小鼻子，还有毛茸茸的大尾
ba cháng máo māo dōu yǒu yòu yuán yòu dà de yǎn jing
巴。长毛猫都有又圆又大的眼睛，
yǒu de shì lán sè huò lǜ sè yǒu de shì jīn sè huò tóng sè tā men de máo róu ruǎn ér xiān
有的是蓝色或绿色，有的是金色或铜色。它们的毛柔软而纤
xì bó zi shang duī jī zhe xǔ duō máomao kàn qǐ lái jiù xiàng wēnnuǎn de wéi bó yí yàng
细，脖子上堆积着许多毛毛，看起来就像温暖的围脖一样。

chángmáomāo de máo sè sè cǎi bīn fēn yǒu de shì chún sè de rú bái de lán
长毛猫的毛色色彩缤纷，有的是纯色的，如白的、蓝

de　hēi de huò hóng de　hái yǒu de shì nǎi yóu sè de　yǒu de xiǎo māo shēn shang yǒu bié zhì
的、黑的或红的，还有的是奶油色的；有的小猫身上有别致

de huā wén　rú yín sè yǔ hēi sè xiāng jiāo zhī　xíng chéng le yān sè de máo fà　yǒu de shì
的花纹，如银色与黑色相交织，形成了烟色的毛发；有的是

yín　zōng　lán　hóng sè dài shēn sè huā wén　xíng chéng le xiàng xiǎo lǎo hǔ yí yàng de hǔ
银、棕、蓝、红色带深色花纹，形成了像小老虎一样的虎

bān wén lù　yǒu de shì bái sè ér lüè xiǎn fā hēi de huī shǔ pí sè　kàn qǐ lái xiàng zhī dà dà
斑纹路；有的是白色而略显发黑的灰鼠皮色，看起来像只大大

de lǎo shǔ
的老鼠。

cháng jiàn de cháng máo māo yǒu xǐ mǎ lā yǎ māo cháng máo shī zi māo miǎn yīn huàn
常见的长毛猫有喜马拉雅猫、长毛狮子猫、缅因浣

xióng māo bō sī māo děng cháng máo māo de xìng gé chén jìng shǎo dòng dàn zhè bú dài biǎo
熊猫、波斯猫等。长毛猫的性格沉静少动，但这不代表

tā men jiù bù xǐ huan wán yóu xì tā men yǔ rén xiāng chǔ de shí fēn róng qià shàn cháng qīn
它们就不喜欢玩游戏。它们与人相处得十分融洽，擅长亲

jìn rén lèi, bì yào shí yě néng bǎo hù zì jǐ. tā men de gǎn qíng fēng fù, bù xǐ huan gū
近人类，必要时也能保护自己。它们的感情丰富，不喜欢孤

dú, duì zhǔ ren hěn yī liàn, róng yì zhào liào. tóng shí, cháng máo māo yě shì gè zhàn yǒu yù
独，对主人很依恋，容易照料。同时，长毛猫也是个占有欲

qiáng de xiǎo jiā huo. xiǎo péng you men yào zhù yì, duì dài cháng máo māo, měi zhōu yào bāng
强的小家伙。小朋友们要注意，对待长毛猫，每周要帮

tā shū lǐ yí cì máo fà, shǐ tā bǎo chí qīng jié měi guān.
它梳理一次毛发，使它保持清洁美观。

māozhōngguì zú　bō sī māo

猫中贵族：波斯猫

bō sī māo　gù míng sī yì　zhè xiē xiǎo guì zú men lái zì bō sī guó　yě jiù shì xiàn zài
波斯猫，顾名思义，这些小贵族们来自波斯国，也就是现在
de yī lǎng　bō sī māo wēn wén ěr yǎ　cōng míng mǐn jié　shàn jiě rén yì　shǎo dòng hào jìng　jiào
的伊朗。波斯猫温文尔雅，聪明敏捷，善解人意，少动好静，叫
shēng jiān xì róu měi　ài sā jiāo　jǔ zhǐ fēng dù piān piān　tiān shēng yí fù jiāo shēng guàn yǎng de
声尖细柔美，爱撒娇，举止风度翩翩，天生一副娇生惯养的

样子，给人一种华丽高贵的感觉。它历来深受世界各地爱猫人士的宠爱，是长毛猫的代表。

波斯猫的脑袋大而圆，宽宽的脸蛋，一对圆而小的耳朵微微前倾，鼻子又短又扁。它的脖子短短的，身体不长却宽宽的，更有着粗粗的尾巴和四肢，憨态可掬。它的四个爪子大大的，给人一种坚实而有力的感觉。波斯猫作为“猫中王子”，一对眼睛溜溜圆，尤其是全白色波斯猫的“鸳鸯眼”更有特色：一只为蓝色，另一只为黄色，像是神秘的小精灵一般。

波斯猫长得有些像小狮子，脖子和后背上有长长的

毛，体毛长而蓬松柔软，有光泽。它的被毛有很多种颜色，其中较原始的有白色、蓝色和黑色，近年来又出现了渐变色、烟色、斑纹和多色等毛色。其中，斑纹型的波斯猫一直最受人欢迎。多色型的波斯猫包括玳瑁猫、三花猫、蓝奶油色猫等，它们均是雌猫。

同时，小朋友们也要知道，波斯猫并不是一生下来就是长毛，在波斯猫宝宝出生6周后，长毛才开始生长，经过两次换毛之后，才能拥有色泽光亮而优美的长毛。由于它们的毛长而密，所以夏季不喜欢被人抱在怀里，而喜欢独自躺卧在地板上。小朋友们，如果你的家中也有波斯猫，请一定记得时常帮助它们梳毛毛哟！

xiǎo zhī shi bō sī māo de yǎn jing wèi shén me yǒu liǎng zhǒng yán sè
小知识：波斯猫的眼睛为什么有两种颜色

yì bān lái shuō māo mī liǎng zhǒng yán sè de yǎn jing bèi chēng wéi yuān yāng yǎn cháng
一般来说，猫咪两种颜色的眼睛被称为鸳鸯眼。常
lǐ rèn wéi chún zhǒng māo de liǎng zhī yǎn jing yán sè shì yí yàng de yuān yāng yǎn zé shì zá
理认为，纯种猫的两只眼睛颜色是一样的，鸳鸯眼则是杂
jiāo suǒ zhì lán yǎn jing de bō sī māo suī rán fēi cháng piào liang dàn shì què cún zài yí chuán
交所致。蓝眼睛的波斯猫虽然非常漂亮，但是却存在遗传
jí bìng ěr duo shì lóng de suǒ yǐ rén men yòng huáng yǎn jing bái māo gēn zhè zhǒng māo zá
疾病，耳朵是聋的。所以人们用黄眼睛白猫跟这种猫杂
jiāo fán yù chū yuān yāng yǎn de bō sī māo jí yì zhī huáng yǎn jing yì zhī lán yǎn jing de
交，繁育出鸳鸯眼的波斯猫，即一只黄眼睛、一只蓝眼睛的
bái sè cháng máo māo jiù méi yǒu ěr lóng de quē xiàn le bō sī māo de yǎn jing yǒu lán sè
白色长毛猫，就没有耳聋的缺陷了。波斯猫的眼睛有蓝色、
lù sè zǐ tóng sè jīn sè hǔ pò sè guài sè hé yuān yāng yǎn yuān yāng yǎn bō sī
绿色、紫铜色、金色、琥珀色、怪色和鸳鸯眼。鸳鸯眼波斯
māo de máo sè cháng wéi bái sè
猫的毛色常为白色。

1.2 活泼机灵的短毛猫

介绍完了长毛猫之后，接下来我们再来看看短毛猫吧！小朋友们，短毛猫也是家养猫的一种，与长毛猫相比，它的毛发更短。它们有的是单层皮毛，有的是双层皮毛。单层皮毛就是由一层丝绒一般的毛毛紧贴身体，比如暹罗猫和波曼猫；而双层皮毛则由外层的毛发和内层的绒毛组成，比如马恩岛猫和俄罗斯蓝猫。短毛猫主要的品种有美国短毛猫、英国短毛猫和东方短毛猫。今天，主要为小朋友们介绍一下可爱的暹罗猫。

tài guóxiǎowáng zǐ xiānluó māo
“泰国小王子”：暹罗猫

xiān luó māo shì shì jiè zhù míng de duǎn máo māo yě shì duǎn máo māo de dài biǎo pǐn
暹罗猫是世界著名的短毛猫，也是短毛猫的代表品
zhǒng tā de jiā xiāng shì tài guó zài duō nián qián zhè zhǒng zhēn guì de māo jǐn zài
种，它的家乡是泰国。在200多年前，这种珍贵的猫仅在
tài guó de wáng gōng hé dà sì yuàn zhōng sì yǎng shì zú bù chū hù de guì zú xiān luó māo
泰国的王宫和大寺院中饲养，是足不出户的贵族。暹罗猫
shì jiào zǎo bèi chéng rèn de dōng fāng duǎn máo māo pǐn zhǒng zhī yī xiān luó māo zuì zǎo zài
是较早被承认的东方短毛猫品种之一。暹罗猫最早在
gōng tíng nèi ān jū xià lái rén men xiàng duì dài wáng zǐ hé gōng zhǔ yí yàng jīng xīn sì yǎng
宫廷内安居下来，人们像对待王子和公主一样精心饲养

tā men tā men bèi dǎ ban de zhū guāng bǎo qì lián hē shuǐ chī fàn yòng de wǎn dōu shì fēi jīn
它们。它们被打扮得珠光宝气，连喝水吃饭用的碗都是非金
jí yín tā men zhù zài pèi bèi yǒu lěng qì de háo huá fáng jiān li yì tiān sān dùn fàn yǒu zhuān
即银。它们住在配备有冷气的豪华房间里，一天三顿饭有专
rén zhào liào jí shǐ shì tài guó zāo yù jīn róng wēi jī jīng jì yán zhòng xià huá de shí hou
人照料，即使是泰国遭遇金融危机，经济严重下滑的时候，
gōng tíng li de xiān luó māo yī jiù guò zhe wú yōu wú lǜ de kuài lè rì zi
宫廷里的暹罗猫依旧过着无忧无虑的快乐日子。

bèi yù wéi māo zhōng wáng zǐ de xiān luó māo kě néng shì māo zhōng xìng gé zuì wài
被誉为“猫中王子”的暹罗猫可能是猫中性格最外
xiàng de le tā men huó pō hào dòng jī zhì líng huó hào qí xīn tè qiáng ér qiě shàn jiě
向的了，它们活泼好动，机智灵活，好奇心特强，而且善解
rén yì tā fēi cháng mǐn gǎn ér qíng xù huà xǐ huan yǒu rén péi bàn bù xǐ huan gū dú
人意。它非常敏感而情绪化，喜欢有人陪伴，不喜欢孤独，
bù néng rěn shòu lěng mò yǒu zhe jí qiáng de zhàn yǒu yù gǎn qíng zhí lù shèn zhì huì jí
不能忍受冷漠，有着极强的占有欲，感情直露，甚至会嫉
dù rú guǒ shòu dào bèi lěng luò tā huì biàn de yù yù guǎ huān tā xū yào zhǔ rén de bú
妒。如果受到被冷落，它会变得郁郁寡欢。它需要主人的不
duàn ài fǔ hé guān xīn ér tā duì zhǔ rén yě shì zhōng xīn gěng gěng gǎn qíng shēn hòu tā
断爱抚和关心，而它对主人也是忠心耿耿、感情深厚。它
men shí fēn cōng míng néng hěn kuài xué huì fān jīn dǒu diāo huí pāo wù děng jì qiǎo xiān luó
们十分聪明，能很快学会翻筋斗、叼回抛物等技巧。暹罗
māo de jiào shēng dú tè sì hū zài yǔ rén men bù tíng de shuō huà huò xiàng xiǎo hái de tí
猫的叫声独特，似乎在与人们不停地说话，或像小孩的啼
kū shēng ér qiě shēng yīn hěn dà shì gè shí zú de dà sǎng ménr
哭声，而且声音很大，是个十足的大嗓门儿。

xiǎo péng you men shì jiè shang liú chuán zhe xǔ duō guān yú xiān luó māo de chuán shuō
小朋友们，世界上流传着许多关于暹罗猫的传说。
xiāng chuán yǒu yí wèi xiān luó gōng zhǔ zài xī shuǐ zhōng xǐ zǎo de shí hou hěn pà bǎ zì jǐ de
相传有一位暹罗公主在溪水中洗澡的时候很怕把自己的
jiè zhi nòng diū le jiù xiǎng zhǎo yí gè wěn tuǒ de dì fang bǎ jiè zhi fàng hǎo tā zhèng zuǒ
戒指弄丢了，就想找一个稳妥的地方把戒指放好。她正左

顾右盼的时候，发现自己最喜爱的猫正把它的尾巴高高翘起，于是公主就将戒指套在了它的尾巴之上。从此以后所有的暹罗猫的尾巴总是高高地翘着，有人说这是用来套公主的戒指的。当然这只是个传说，没有人会相信。但有一点是被泰国人公认的，那就是暹罗猫是拥有最高贵灵魂的生命，在泰国，它们时常被当作神殿的守护之神。

2 旷野精灵

kuàng yě jīng líng

xiǎo péng you men gāng gāng wǒ men rèn shi le jiā māo yǐ jí tā men zhōng de dài biǎo jiā yǎng cháng máo māo jiā yǎng duǎn máo māo jiē xià lái wǒ men zài lái rèn shi yí xià yě māo ba yě māo yòu bèi chēng wéi bān māo huò zhě shān māo tā men hé jiā māo yí yàng yě shì yì zhǒng xiǎo xíng māo kē dòng wù yě māo yuán běn shēng huó zài ōu zhōu fēi zhōu jí yà zhōu xī bù ér zài chéng shì zhōng yě shēng huó zhe yí bù fen yě māo tā men bèi chēng wéi liú làng māo yǔ shēng huó zài zì rán zhòng de yě māo bù tóng zhè xiē liú làng

小朋友们，刚刚我们认识了家猫，以及它们中的代表——家养长毛猫、家养短毛猫。接下来我们再来认识一下野猫吧。野猫，又被称为斑猫或者山猫，它们和家猫一样，也是一种小型猫科动物。野猫原本生活在欧洲、非洲及亚洲西部。而在城市中，也生活着一部分野猫，它们被称为流浪猫。与生活在自然中的野猫不同，这些流浪猫都是被人类遗弃的家猫，它们在离开人类的驯养后，一部分会离开城市，重新回到野外，成为真正的野猫。

与家猫有人类相伴不同，野猫是独居动物，它们往往独自生活，喜欢在夜间出来活动。但并非在整个夜里都精神。每当它们肚子饿了，便在清晨和黄昏时分出来捕猎。野猫是个捕猎小能手，它们能够猎捕啮齿动物、昆虫、小型哺乳动物，还有鸟类。现在，随着栖息地的减少、人类对皮

máo xū qiú de zēngzhǎng yě māo de shēngcúnshòudàowēi xié yǒu xiē de qū de yě māo yīn
毛需求的增长，野猫的生存受到威胁。有些地区的野猫因
bǔ shí jiā qín yě zāodàodāng de rénmen de bǔ shā
捕食家禽，也遭到当地人们的捕杀。

zài quán shì jiè fàn wéi nèi shēnghuó zhe gè zhǒng bù tóngzhǒng lèi de yě māo yóu yú
在全世界范围内，生活着各种不同种类的野猫，由于
gè dì de qì hòu yǐ jí shēngcúnhuánjìng bù tóng yě māoyǒu bù tóng de máo sè hé tǐ xíng
各地的气候以及生存环境不同，野猫有不同的毛色和体形。
fēi zhōu yě māo de yán sè bǐ ōu zhōu yě māoyàodàn tā mendōu shì huī sè hé hè sè de
非洲野猫的颜色比欧洲野猫要淡，它们都是灰色和褐色的，
bìngqiě yuè shì kào jìn sēn lín dì qū máomao de yán sè yuèshēn bìngqiě hái yǒu bō wén yí
并且，越是靠近森林地区，毛毛的颜色越深，并且还有波纹一
yàng de shēn sè bānwén lìngwài zài ōu zhōushēnghuó de yě māo yì bāndōuyǒuhòuhòu de
样的深色斑纹。另外，在欧洲生活的野猫一般都有厚厚的
pí máo gèngyǒu bǐ jiā māohái dà de nǎodai
皮毛，更有比家猫还大的脑袋。

yì zhī cǎo yuán bān māo de yì tiān
一只草原斑猫的一天

jīn tiān jiè shào gěi xiǎo péng you men de zhè zhī māo dà yǒu lái tou tā shì shēng huó zài
今天介绍给小朋友们的这只猫大有来头，它是生活在
zhōng guó de yě māo míng zi shì cǎo yuán bān māo yòu jiào shā mò bān māo jiào tā men tǔ
中国的野猫，名字是草原斑猫，又叫沙漠斑猫，叫它们土
lí zi yě kě yǐ tā men de tǐ xíng yào bǐ jiā yǎng de xiǎo māo dà hái yǒu yì tiáo cháng
狸子也可以。它们的体形要比家养的小猫大，还有一条长
cháng de wěi ba jī hū yǒu shēn tǐ de yí bàn cháng cǎo yuán bān māo de shēn tǐ yě hěn
长的尾巴，几乎有身体的一半长。草原斑猫的身体也很
qiáng zhuàng tā men de bèi shang chéng xiàn shā zi yí yàng de dàn huáng sè shēn tǐ de cè
强壮。它们的背上呈现沙子一样的淡黄色，身体的侧
miàn yán sè gèng dàn yì xiē dǔ zi shang shì dàn dàn de huáng huī sè tā men de quán
面颜色更淡一些，肚子上是淡淡的黄灰色。它们的全
shēn dōu yǒu bù tóng xíng zhuàng de bān kuài hé wén lù wěi ba shang hái yǒu yì quān
身都有不同形状的斑块和纹路，尾巴上还有一圈
quān zōng hēi sè de wén lù gèng yǒu qù de shì zài cǎo yuán bān māo de ěr jiān
圈棕黑色的纹路，更有趣的是，在草原斑猫的耳尖

上还有一小簇棕黑色的毛毛，看起来十分英俊。

无论是灌木丛，还是芦苇、草甸，抑或是胡杨林中，到处都有草原斑猫的身影，它们对环境的适应能力很强。草原、沼泽地、盆地或低地山区的森林地带，都分布着草原斑猫。不过，草原斑猫比较怕冷，一般不进入寒冷下雪的地区，它们更喜欢待在比较干旱的地带。一只草原斑猫的

yì tiān jīng cháng shì zhè yàng dù guò de　bái tiān jiù cáng zài shù xué huò guàn mù cóng zhōng shuì
一天经常是这样度过的：白天就藏在树穴或灌木丛中睡
dà jiào　děng dào yè wǎn huò qīng chén cái chū lái xún zhǎo shí wù　tā men xíng dòng mǐn jié
大觉，等到夜晚或清晨才出来寻找食物。它们行动敏捷，
shì tiān shēng de pá shù gāo shǒu　gèng shàn cháng yǐn cáng zì jǐ　zǒng shì qiāo qiāo jiē jìn liè
是天生的爬树高手，更擅长隐藏自己，总是悄悄接近猎
wù　zài tū rán bǔ shí　bān māo de lǐng dì yì shí yě hěn míng xiǎn　měi zhī cǎo yuán bān māo
物，再突然捕食。斑猫的领地意识也很明显，每只草原斑猫
dōu yǒu zì jǐ de gù dìng huó dòng fàn wéi　píng shí hù bù dǎ rǎo　dàn dāng lǐng dì nèi shí wù
都有自己的固定活动范围，平时互不打扰。但当领地内食物
bù zú huò zhě xún zhǎo pèi ǒu shí　yě cháng cháng dào zì jǐ de dì pán yǐ wài yóu dàng
不足或者寻找配偶时，也常常到自己的地盘以外游荡。

3 卡通片中的老朋友

人见人爱的加菲猫

小朋友们，也许你不知道美国短毛猫长什么样子，但是你一定认识这样一只猫。它是一只爱说风凉话、贪睡午觉、爱喝咖啡、大嚼千层面、见蜘蛛就踩、见邮递员就穷追猛打的大肥猫。没错！它就是家喻户晓的加菲猫！

加菲猫的原型是创作者家养的一只大猫，属于异国短毛猫中的一种。它们是为了那些喜欢波斯猫又懒得打理长毛的人而专门人工培育的猫咪，具有波斯猫的部分属性，同时身上的毛长度适中，它们的家乡是遥远的美国，因此又被称为美国短毛猫。

美国短毛猫看起来憨厚老实，其实非常活泼，好动，贪玩，性情温顺，能和其他猫及狗友好相处。同时，它们又是安静的小猫咪，很少发出喵喵的声音。这些小家伙们感情丰富，需要主人的关怀与陪伴。虽然它们看起来身体很结实的样子，不过成熟期却比其他的小猫要晚，一般要3岁左右。

xiǎopéngyoumen rú guǒ nǐ de jiā zhōngyǒuzhèyàng de duǎnmáomāo nà me nǐ yí
小朋友们，如果你的家中有这样的短毛猫，那么你一
dìng fēi cháng kāi xīn tā menróng yì zhàoliào yì bānqíngkuàng xià měizhōu yí cì de máo
定非常开心。它们容易照料，一般情况下每周一次的毛
fà shū lǐ jiù zú gòu le dàn zài tuōmáo qī yìngwèi tā měi rì shū lǐ lìngwài duǎnmáomāo
发梳理就足够了，但在脱毛期应为它每日梳理。另外，短毛猫
lèi xiàn fā dá xū yàoměitiānwèi tā men cā shì yǎnjing
泪腺发达，需要每天为它们擦拭眼睛。

yīng lún shēn shì tāng mǔ māo
英伦绅士汤姆猫

rú guǒ shuō jiā fēi māo shì jiā yù hù xiǎo de měi guó duǎn máo māo, nà me zhī míng dù zuì gāo de yīng guó duǎn máo māo jiù yí dìng fēi tāng mǔ māo mò shǔ le。xiǎo péng you men, rú guǒ nǐ kàn guò kǎ tōng piān《māo hé lǎo shǔ》, nà me nǐ yí dìng duì piàn zhōng nà zhī zǒng shì zhuā bú dào lǎo shu de māo mī yìn xiàng shēn kè! zhè zhī jiào zuò tāng mǔ de huī sè dà māo, yǎn li zǒng shì shǎn zhe jiǎo huá de guāng máng, tā zǒng shì gōng zhe yāo zài yì páng děng dài jī huì chū jī, qǐ tú zhuā zhù yǔ tā tóng jū yí shì de lǎo shǔ jié ruì, tā bú duàn de nǔ lì qū gǎn zhè ge tǎo yàn de fáng kè, dàn zǒng shì cǎn zāo shī bài, zǒng shì bèi xiǎo lǎo shǔ jié ruì zhuō nòng

如果说加菲猫是家喻户晓的美国短毛猫，那么知名度最高的英国短毛猫就一定非汤姆猫莫属了。小朋友们，如果你看过卡通片《猫和老鼠》，那么你一定对片中那只总是抓不到老鼠的猫咪印象深刻！这只叫作汤姆的灰色大猫，眼里总是闪着狡猾的光芒，它总是弓着腰在一旁等待机会出击，企图抓住与它同居一室的老鼠杰瑞，它不断地努力驱赶这个讨厌的房客，但总是惨遭失败，总是被小老鼠杰瑞捉弄

充分保障了军需后方的稳定。从此，这些猫在人们心中得到了很高的地位。就在那个时候，它们被带到了英国境内，靠着极强的适应能力，逐渐演变成为英国本土的家猫。它不仅被公认为捕鼠高手，英俊的外形也被更多人喜爱。

英国短毛猫大胆好奇，但非常温柔，适应能力也很强，不会因为环境的改变而改变，也不会乱发脾气，更不会乱吵乱叫，它只会尽量爬到比较高的地方，低着头瞪着那双圆圆的大眼睛面带微笑地俯视着你，就好像《爱丽丝梦游仙境》中提到的那只叫作“路易斯”的猫一样，不用语言，只用那可爱的面部表情就抓住了你的心，再也无法改变你对它的爱。

英国短毛猫天生丽质，短短的毛从不会打结，只要每天用梳子给它全身梳理一下就足够了。如果它处在脱毛期，可以适量多梳理几次。值得注意的是，对于英国短毛猫，清洗远远要比梳理重要得多，因为它们的被毛密实又柔软，灰尘很容易停留在毛毛里。虽然猫咪们会经常用

第一章 走进猫咪家族

tā nà dài cì de xiǎo shé tou shū lǐ bèi máo dàn shì bìng bù néng chè dǐ chú qù dǐ céng de huī
它那带刺的小舌头梳理被毛，但是并不能彻底除去底层的灰
chén suǒ yǐ měi gè yuè gěi tā xǐ yì liǎng cì zǎo kě yǐ bāng zhù tā hěn hǎo de qīng lǐ wū
尘，所以每个月给它洗一两次澡，可以帮助它很好地清理污
gòu máomao gānjìng le māo mī zì rán kāi xīn
垢，毛毛干净了，猫咪自然开心。

yīng guó duǎn máo māo xǐ huan qīn jìn zhǔ rén bù guò xiǎo péng you men rú guǒ nǐ
英国短毛猫喜欢亲近主人，不过，小朋友们，如果你
men jiā de māo māo zhǐ xǐ huan guāi guāi de pā zài nǐ de xī gài shang shuì jiào nà jiù xū yào
们家的猫猫只喜欢乖乖地趴在你的膝盖上睡觉，那就需要
zhù yì le yīn wèi māo mī cháng qī bú yùn dòng jiù huì fā pàng ér guò yú féi pàng de māo
注意了，因为猫咪长期不运动就会发胖，而过于肥胖的猫
mī shēn tǐ zhuàng kuàng yě huì chū xiàn wèn tí yuán yīn hěn jiǎn dān jiù xiàng wǒ men rén
咪，身体状况也会出现问题。原因很简单，就像我们人
lèi yí yàng píng shí bú yùn dòng fā pàng le jiù huì yǒu hǎo duō bìng zhǎo shàng mén lái suǒ
类一样，平时不运动，发胖了就会有好多病找上门来。所
yǐ yào xiǎng yōng yǒu yì zhī guāi qiǎo yòu jiàn kāng de māo mī wǒ men měi tiān zhì shǎo yào
以，要想拥有一只乖巧又健康的猫咪，我们每天至少要
péi tā zuò bàn gè xiǎo shí zuǒ yòu de yóu xì zhè yàng jì kě yǐ zēng jiā wǒ men yǔ māo mī
陪它做半个小时左右的游戏，这样，既可以增加我们与猫咪
de gǎnqíng yòu kě yǐ yì qǐ bǎo chí jiànkāng de tǐ pò
的感情，又可以一起保持健康的体魄。

第二章 小猫咪，大本领

1 黑猫警长的天线

小朋友们，在动画片《黑猫警长》中，一只黑色的猫咪警长以机敏的荧幕形象深入人心。其主题曲中，对猫咪有这样生动的形容：眼睛瞪得像铜铃，耳朵竖得像天线。猫咪对高音特别敏感，它们所能听到的声音，音量是人类听到的4倍，因此猫咪可以听到很多人类听不到的声音，比如说老鼠在地板下走路的声响，还有电器启动前的微弱

diàn liú shēng māo mī yóu yú tīng lì tè bié hǎo tā men kě yǐ hěn qīng yì de fēn biàn chū zhǔ
电流声。猫咪由于听力特别好，它们可以很轻易地分辨出，主

rén dǎ kāi de chú guì mén shì fàng yǒu tā shí wù de guì zi hái shi páng biān de guì zi jiù zhī
人打开的橱柜门是放有它食物的柜子还是旁边的柜子，就知

dào zhǔ rén shì bú shì zài zhǔn bèi tā de shí wù le nǐ shuō tā men shì bú shì shí fēn cōng míng
道主人是不是在准备它的食物了，你说它们是不是十分聪明

呢？不过，猫也和人类一样，随着年纪越大，听力也会逐渐越差。

猫的耳朵比人类多出约20条肌肉，所以它们的听力不但比人类强，还会转动耳朵来捕捉声音的方位，可以随声音的方向转动，具有极强的定位功能，是不是很像雷达天线呢？不过有些猫咪一生下来就没有听觉，这是基因缺陷所带来的症状，据说蓝眼睛的白猫特别容易发生这种情况。但是生命力强韧的猫咪即使是耳聋了，还是能够很快地适应环境，顽强地活下去。

小朋友们，你们是否有过晕船、晕车的症状呢？无

论是坐车船，还是乘飞机，极少见到猫有因晕车、晕船而发生呕吐现象的，这是因为猫的内耳具有很强的平衡功能。猫从低矮的墙上不慎滑落时，仍能保持平衡感，就完全得益于其内耳的功劳。

此外，猫还会用耳朵表达情感呢！当猫感觉放松时，它们的耳朵就会自然地往前和往外伸展，显示出一种懒洋洋的状态。当听到某个方向有声音时，猫的耳朵会立

kè tǐng lì qǐ lái zhè shí māo jiù jìn rù le jǐng jiè zhuàng tài dāng māo shēng qì shí tā
刻挺立起来，这时，猫就进入了警戒状态。当猫生气时，它
men de ěr duo huì chōu dòng qǐ lái māo de ěr duo rú guǒ shēn zhǎn píng le de huà zhè shuō
们的耳朵会抽动起来。猫的耳朵如果伸展平了的话，这说
míng māo zài zì wèi dāng māo jué dìng fā qǐ jìn gōng shí tā de ěr duo yě néng xiè lòu zhè yì
明猫在自卫。当猫决定发起进攻时，它的耳朵也能泄露这一
xìn xī zhè shí māo de ěr duo jī ròu shōu jǐn bìng kāi shǐ zhuàn dòng cóng hòu miàn kàn ěr
信息：这时猫的耳朵肌肉收紧并开始转动，从后面看，耳
duo de zhè zhǒng zhuàng tài huì gèng jiā míng xiǎn xiǎo péng yǒu men xiàn zài jiù qù guān chá yí
朵的这种状态会更加明显。小朋友们，现在就去观察一
xià nǐ shēn biān de māo mī ba
下你身边的猫咪吧！

小知识：风味小吃“猫耳朵”

“猫耳朵”是杭州的名小吃，它是一种面条，因形似猫的耳朵，故名。据传，清乾隆皇帝下江南，一次微服乘一叶小舟赏玩西湖。游得兴致勃勃时，天忽然下起了小雨，众人连忙进船舱避雨。大家等啊等，可是雨越下越大，下了许久都不见停。几个时辰过去了，乾隆皇帝饿得饥肠辘辘，忍不住问老渔翁是否有吃的。老渔翁告诉乾隆有面但没有擀面杖，做不成面条。正发愁之际，老渔翁的小孙女

bào zhe yì zhī xiǎo huā māo zǒu lái shuō méi yǒu gǎn miàn zhàng wǒ lái yòng shǒu niǎn
抱着一只小花猫走来说：“没有擀面杖，我来用手捻。”
yú shì xiǎo gū niang dòng shǒu jiāng miàn niǎn chéng kuài zhuàng sì xiǎo huā māo de ěr duo
于是小姑娘动手将面捻成块儿，状似小花猫的耳朵，
xiǎo qiǎo kě ài tā bǎ zhè xíng zhuàng guài guài de miàn tiáo xià guō zhǔ shú hòu zài jiāo shàng yú
小巧可爱。她把这形状怪怪的面条下锅煮熟后再浇上鱼
xiā lǔ zhī duān gěi qián lóng chī qián lóng jiàn miàn tiáo bù tóng xún cháng de mú yàng líng lóng bié
虾卤汁端给乾隆吃。乾隆见面条不同寻常的模样，玲珑别
zhì chī hòu gèng jué de huí wèi wú qióng gǎn máng wèn xiǎo gū niang zhè jiào shén me miàn xiǎo
致，吃后更觉得回味无穷，赶忙问小姑娘这叫什么面，小
gū niang huí dá shuō shì māo ěr duo qián lóng fēi cháng xǐ huan zhè dào diǎn xin huí jīng
姑娘回答说是“猫耳朵”。乾隆非常喜欢这道点心，回京
hòu jí zhào xiǎo gū niang wèi qí zuò māo ěr duo zì cǐ māo ěr duo chéng le yí dào
后即召小姑娘为其做“猫耳朵”。自此“猫耳朵”成了一道

huì fā guāng de bǎo shí
2 会发光的宝石

xiǎopéngyoumen xiàn zài ràng wǒ men yì qǐ guānchá yí xià shēnbiān de māo mī bái
小朋友们，现在让我们一起观察一下身边的猫咪。白
tiān de māo mī hé yè wǎn de māo mī yǎn jing huì chéng xiàn chū wán quán bù tóng de zhuàng
天的猫咪和夜晚的猫咪，眼睛会呈现出完全不同的状
tài bái tiān de māo mī yǎn jing de tóngkǒng suō xiǎo chéng xì xì de yì tiáo fèng ér dào le
态。白天的猫咪眼睛的瞳孔缩小成细细的一条缝，而到了
wǎnshang māo mī de tóngkǒngbiàn de yòu dà yòuyuán bù tóng de māo mī yǒu bù tóngyán sè
晚上，猫咪的瞳孔变得又大又圆。不同的猫咪有不同颜色
de yǎn jing yǒu de māo mī shèn zhì yǒuliǎng zhī yán sè bù yí yàng de yǎn jing māo mī de yǎn
的眼睛，有的猫咪甚至有两只颜色不一样的眼睛。猫咪的眼
jing rú tóng shén mì de bǎo shí jiē xià lái ràng wǒ men gòng tóng tàn xún māo yǎn de mì mì
睛如同神秘的宝石，接下来，让我们共同探寻猫眼的秘密
ba
吧！

2.1 猫的眼睛为什么能发光

小朋友们，你们是否注意到，在黑暗中猫咪的眼睛能够放射出光芒。而且，不少人至今都还认为猫的眼睛会自己发光。其实用一个很简单的实验就可以否定这种说法。我们可以把一只猫放进一间没有窗户的黑屋子里，这时猫的眼睛便不再放光了。

qí shí māo de yǎn jing fā guāng shì yīn wèi tā néng fǎn shè guāng xiàn māo de yǎn jing
其实，猫的眼睛发光是因为它能反射光线。猫的眼睛
lǐ yǒu yì zhǒng xiàng jìng zi yí yàng de tè shū fù gài céng tā néng ràng māo zài hēi àn zhōng
里有一种像镜子一样的特殊覆盖层，它能让猫在黑暗中
kàn qīng dōng xi zhè zhǒng shǎn guāng wù zhì néng fǎn shè chū xiàng shǒu diàn tǒng de guāng huò
看清东西。这种闪光物质能反射出像手电筒的光或
xiàng qì chē qián dēng de guāng cóng ér shǐ māo de yǎn jing shǎn shǎn fā guāng qí shí rén yě rú
像汽车前灯的光，从而使猫的眼睛闪闪发光。其实人也如
cǐ zhǐ yào yòng qiáng guāng zhào zài rén de yǎn jing shang yě huì chū xiàn zhè zhǒng xiàn xiàng
此，只要用强光照在人的眼睛上，也会出现这种现象，
zài wǒ men shǐ yòng shǎn guāng dēng shí biàn huì kàn dào lèi sì de xiào guǒ zhè jiù shì wèi shén
在我们使用闪光灯时便会看到类似的效果，这就是为什
me cǎi zhào shang yǒu shí rén de yǎn jing chéng àn hóng sè de dào lǐ
么彩照上有时人的眼睛呈暗红色的道理。

2.2 猫是近视眼吗

虽然小猫的眼睛看起来又大又亮，但猫的视力其实是很差的，就好像人类的近视一样，看不太清楚东西，但幸好猫对光非常敏锐。经过观察我们可以发现，白天日光很强时，猫的瞳孔几乎完全闭合成一条细线，尽量减少光线的射入，而在黑暗中，它的瞳孔则开得很大，尽可能地增加光线的通透量，从而看见事物。

小朋友们，虽然猫的视力不好，但它们的动态视力可是一等一的强呢！因为猫只能看见光线变化的东西，如果光线不变化，猫就什么也看不见，所以，猫在看东西时，常常要稍微地左右转动眼睛，以使它面前的东西移动起来，才能看清。因此有蟑螂、老鼠一闪而过时，人们都还没发现，猫咪瞬间已经冲出去了！

还有，猫咪对人类的脸辨识力很弱，它们常常靠味道和声音来分辨是主人还是陌生人，面貌和衣服只是参考。这就是为什么有些猫咪在陌生地方失踪时，即使主人就在前方叫它，猫也认不出主人或感到迟疑，因为它没靠近闻到主人的味道，就不会认人了。不过，聪明的猫咪还会认声音哟！

小知识：猫为什么要吃老鼠？

几百年来，科学家们一直对一个问题困惑不解：为什么猫一旦不吃老鼠后，它们“夜视”的能力就会逐渐下降，最后几乎“丧失殆尽”。一项研究显示，一种叫牛黄酸的物质，能提高哺乳动物的夜间视觉能力。由于猫本身不能在体

内合成牛黄酸，如果长期缺乏牛黄酸，猫在夜间就会由“一目了然”变为睁眼瞎”，最后丧失夜间活动能力。而老鼠体内有一种特殊物质，能自行合成牛黄酸。所以，猫

只有不断捕食老鼠，才能弥补体内牛黄酸的不足，以保持和提高自身的夜视能力，正常地生存下去。

2.3 猫咪是色盲吗

māo mī shì sè máng ma

长久以来，猫咪被认为是生活在所谓的黑白世界里，是个不折不扣的色盲。但在近数十年间，科学家研究发现猫咪能够快速识别颜色，并记住它们，且十分偏爱红色，但猫咪对颜色的识别程度如何目前我们还无法了解。不过很多科学家认为，猫咪虽然可以识别颜色，但并不关心颜色。颜色对于猫咪而言没有特别的意义。

另一个值得注意的问题是，猫咪的眼睛中有一层特殊的眼皮，它是位于内眼角的瞬膜，瞬膜可以横向来回地闭合，具有保护猫咪眼球的重要作用。如果瞬膜受伤或者患病，就会影响猫的视力和美观，需要及时治疗。平时也要注意保护好它的瞬膜，小朋友们绝不能随意用手触摸哟！

3 猫闻天下

与我们人类不同，猫鼻子的构造很特别，它的内部有很多褶皱，这些褶皱上有2亿多个特别灵敏的嗅细胞，对气味非常敏感。当气味随吸入的空气进入鼻腔后，就能刺激嗅细胞，使猫闻到味道。猫的鼻子要比人类的鼻子灵敏5~10倍，和狗一样灵敏。

它们能靠灵敏的嗅觉寻找到老鼠、鱼等猎物和自己产的幼崽。有人做过试验，把鱼埋在土里，结果猫也能找到。不光是吃的东西，自己的地盘，是不是自己熟悉的人，猫都是通过气味来判断的。说猫是通过嗅觉来“看”周围世界的，一点儿都不为过，是不是特别厉害呢？

在发情季节，猫咪身上有一种特殊的气味，公猫和母猫对这种气味均十分敏感，在很远的距离就能嗅到，彼此依靠这种气味互相联络。猫很喜欢用身体来蹭喂它的人和它喜欢的人，这样自己身体的气味也就留在了对方的身上，以便日后自己分辨。遇到不认识的猫，首先就是闻一闻它的鼻尖和尾巴的气味，如果“话不投机”，就“拳脚相加”的撕咬打起来，赢者从容自若、竖毛、弓背，看样子要输了的猫便仰面朝天败下阵来。

当猫咪生病的时候，嗅觉会受到影响，就很难激起它的食欲。猫咪还会拒绝使用有气味的脏便盆。猫咪吃食前都会先闻一闻，它们可以用嗅觉分辨出变质、不新鲜和有毒的食物。不过，对于靠嗅觉来判断食物能不能吃的猫来说，也有一个不便之处，那就是它对没有气味的东西无法做出判断，不管是多么“美味”的东西，如果没有气味的话，猫就没法吃了。刚从冰箱里拿出来的东西还处于冷藏状态不能散发气味，猫就没法吃。如果猫感冒鼻子塞了，就什么都闻不到，什么都吃不了，会衰弱而死。所以说，“猫感冒了是一件很危险的事情”。

4 猫咪的美味之道

小朋友们，我们是怎样品尝出食物的味道的呢？没错，就是依靠舌头上的味蕾来感觉的。一般来说，人类大概拥有9000个味蕾，而猫只有800个左右，所以可以想象，猫咪的味觉并没有我们想象的那样发达，对它们而言，味觉是对其灵敏嗅觉的一种很好的补充。猫咪的味觉感知大概有四种，即酸、甜、苦、咸，对其中酸和咸的味觉感知最为敏锐，甚至超过了狗狗。

猫咪不吃不新鲜、腐败的食物，正是由于猫咪味觉对酸味的敏感。猫咪是通过舌头表面的黏膜来感觉咸味的，它们能很容易地分辨出哪个是盐水、哪个是淡水，但是随着年龄的增长，猫对味道的敏感度也会逐渐减弱。

对于肉食动物的猫来说，它的能量来自于蛋白质。因此，猫对于富含蛋白质的氨基酸的甜味很敏感。蟹肉的甜味也是来自于氨基酸的甜味。不过，猫虽然喜欢吃生奶油，但不是对糖分的甜味做出了反应，而是喜欢其中的脂肪。不管怎样，人类感觉到的好吃的东西跟猫感觉到的好吃的东西是不一样的。猫有猫的营养学，人类有人类的营养学，并且只会感觉到自己需要的营养素的“美味”。所以，小朋友们千万不要将自己认为的美食全部分享给猫猫，它们可能并不爱吃哟！

小知识：什么是“猫舌头”

吃不了烫的东西的人被称作“猫舌头”。好像是说只有猫吃不了热食似的，其实不是这样的。动物都是“猫舌头”，

都吃不了热食。只有成年人吃得了烫的东西。有一种饮食文化，就是挑战吃烫的东西的。在最原始的自然界里，是不存在热食的。温度最高的也就是刚杀完的猎物，跟体温一样。也就是说，动物原本没有食用比自己体温高的食物的习惯。所以不具备吃烫的食物的能力。即便是人类，小时候也吃不了热的东西。人类在不断地“训练”之下，才从“猫舌头”毕业。人类的“猫舌头”既可以说成是天生的，也可以理解为训练不足。

5 囫囵吞枣的猫咪

小朋友们，不知道你们有没有观察过猫咪吃东西的样子。如果你的家中也有猫咪，你一定会发现猫吃东西的速度很快。做一个这样的小试验，切一片生鱼片，扔给猫，它肯定是横过脑袋，用臼齿嚼上两三口就香下去了，完全没有咀嚼的过程。原因在于，肉食动物一般都是不加咀嚼，将食物直接香咽下去的，所以，我们看不到猫咪嚼东西的样子。

我们可以趁猫咪打哈欠的时候，观察一下猫咪牙齿的形状。猫的臼齿前端是尖的，并且口腔内上方的臼齿与下面的臼齿是“错开”的。因为臼齿是用来“撕扯”食物的，所以必须是尖尖的，并且错开排列。猫的臼齿被称作“断肉齿”，猫进食的时候，就是利用臼齿将肉“撕扯”成适合香咽的大小，然后再将其香下去。现在，家猫主要以猫粮为食，连撕咬的必要都没有了，用门牙磨一下就可以了。原本，猫细小的门牙是派不上用场的，它的门牙主要是在猫舔舐、清理体毛的时候发挥作用，还有就是用来挠痒痒了。

pǎo kù dá rén
6 跑酷达人

xiǎo péng you men shì fǒu tīng guò māo zǒu lù de shēng yīn
小朋友们是否听过猫走路的声音

ne xiǎo māo zǒu lù de shí hou zǒng shì qiǎo wú shēng xī zhè qí
呢？小猫走路的时候总是悄无声息，这其

zhōng yǒu shén me ào mì ne māo de qián jiǎo yǒu gè jiǎo zhǐ hòu
中有什么奥秘呢？猫的前脚有5个脚趾，后

jiǎo yǒu gè jiǎo zhǐ měi zhī jiǎo zhǎng xià dōu yǒu hěn hòu de ròu diàn měi
脚有4个脚趾。每只脚掌下都有很厚的肉垫，每

gè jiǎo zhǐ xià yòu dōu yǒu xiǎo de zhǐ diàn měi gè jiǎo zhǐ shang zhǎng yǒu
个脚趾下又都有小的趾垫。每个脚趾上长有

fēng lì de sān jiǎo xíng jiān zhǎo jiān zhǎo píng shí quán suō yǐn
锋利的三角形尖爪。尖爪平时蜷缩隐

cáng zài zhǐ qiú tào jí zhǐ máo zhōng zhǐ
藏在趾球套及趾毛中，只

yǒu zài shè qǔ shí wù bǔ zhuō liè wù
有在摄取食物、捕捉猎物、

bó dòu páo tǔ pān dēng shí cái
搏斗、刨土、攀登时才

shēn chū lái
伸出来。

māo shì yòng jiǎo zhǐ zháo dì xíng
猫是用脚趾着地行

zǒu de tā shì zhǐ xíng dòng
走的，它是趾型动

wù zhè zhǒng shēn tǐ gòu
物。这种身体构

zào shǐ de tā men tè bié shì hé bēnpǎo zú yǐ hé duǎn jù lí sài pǎo de rén lèi yùndòng yuán
造使得它们特别适合奔跑，足以和短距离赛跑的人类运动员
xiāng pì měi māo zú zhǐ xià hòuhòu de ròu diàn qǐ zhe jí hǎo de huǎnchōng zuò yòng tā néng
相媲美。猫足趾下厚厚的肉垫起着极好的缓冲作用，它能
shǐ māo xíngzǒu shí qiǎo rán wú shēng biàn yú xí jī hé bǔ zhuō liè wù zhè yě shì māo chéng wéi
使猫行走时悄然无声，便于袭击和捕捉猎物，这也是猫成为
bǔ shǔ néng shǒu bù kě quē shǎo de tiáo jiàn zhī yī hòuhòu de ròu diàn hái néng shǐ māo cóng gāo
捕鼠能手不可缺少的条件之一。厚厚的肉垫还能使猫从高
kōng zhōng diē luò xià lái shí miǎn shòu zhèn dòng hé chōng jī zào chéng de sǔn shāng zhè yě shì
空中跌落下来时免受震动和冲击造成的损伤。这也是
māo wú lùn cóng gāo chù tiào xià hái shi cóng gāo kōng zhōng diē luò jūn bú huì shòu shāng de yuán
猫无论从高处跳下还是从高空中跌落均不会受伤的原
yīn zhī yī māo de jiǎo dǐ ròu zhǐ hěn mǐngǎn tā men bāo hán xǔ duō chù jué shòu tǐ yì xiē
因之一。猫的脚底肉趾很敏感，它们包含许多触觉受体。一些
māo zài jí jiāng fā shēng dì zhèn qián huì xíng wéi yì cháng huò xǔ tā men néng tōng guò zhè xiē
猫在即将发生地震前会行为异常，或许它们能通过这些
mǐngǎn de ròu zhǐ tàn cè dào dà dì de zhèndòng
敏感的肉趾探测到大地的震动。

xiǎo māo jīng cháng zài jiā zhōng zhuā náo shā fā hé jiā jù tā men bú shì yīn wèi xián
小猫经常在家中抓挠沙发和家具，它们不是因为闲
zhe wú liáo ér shì zhèng zài mó zhuǎ zi yóu yú māo zhuǎ shì zài bú duàn de shēng zhǎng zhe
着无聊，而是正在磨爪子。由于猫爪是在不断地生长着
de bìng qiě wài céng de lǎo pí huì zhōu qī xìng de tuì diào lù chū xià mian de xīn pí céng
的，并且外层的老皮会周期性地褪掉，露出下面的新皮层，
mó zhuǎ zi jiù shì māo zhuǎ gēng xīn de guò chéng
磨爪子就是猫爪更新的过程。

7 猫咪的标尺

māo mī de biāo chǐ

小朋友们，让我们来观察一下猫的脸。在猫的上嘴唇上、眼睛上方、脸颊上、下巴上都长有胡须。猫在前进的时候，这些胡须呈放射状张开。

xiǎo péng you men ràng wǒ men lái guān chá yí xià māo de liǎn zài māo de shàng zuǐ chún shang yǎn jing shàng fāng liǎn jiá shang xià ba shang dōu zhǎng yǒu hú xū māo zài qián jìn de shí hou zhè xiē hú xū chéng fàng shè zhuàng zhāng kāi

猫咪的胡须就相当于天线。猫咪通过胡须的尖端来判断周围是否有障碍物。在狩猎或从敌人那儿逃脱的时候，如果猫必须通过非常狭窄的地方，它根本没有足够的精力与时间去一一确认来自正面的情况。原本猫的视力就不够好，这时就要靠胡须了。如果右侧的胡须碰到什么东西的话，就说明右边有障碍物，身体就往左移动。这跟我们在黑暗中依靠两手来摸索着前进是一个道理。

小朋友们有没有发现，位于猫咪上唇的胡须要比其他胡须长一点儿、粗一点儿，并且当猫发现什么有意思的东西盯着看的时候，或者是尾随活动着的物体之时，上唇的胡须会向前竖起。虽然其他胡须都无法动弹，但唯有此处的胡须能够自由地活动。这些处于上唇的胡须，就像捕捉猎物时的道具。猫狩猎的时候，总是先偷偷接近猎物，看准时机后，一鼓作气，一跃而上咬死猎物。当一口咬住猎物企图让其停止呼吸的时候，完全是靠嘴上的力量将挣扎的猎物制服。一不小心，就有可能被反抗的猎物反咬一口，上唇胡须的长度正好用来测量突击时与猎物之间的距离。

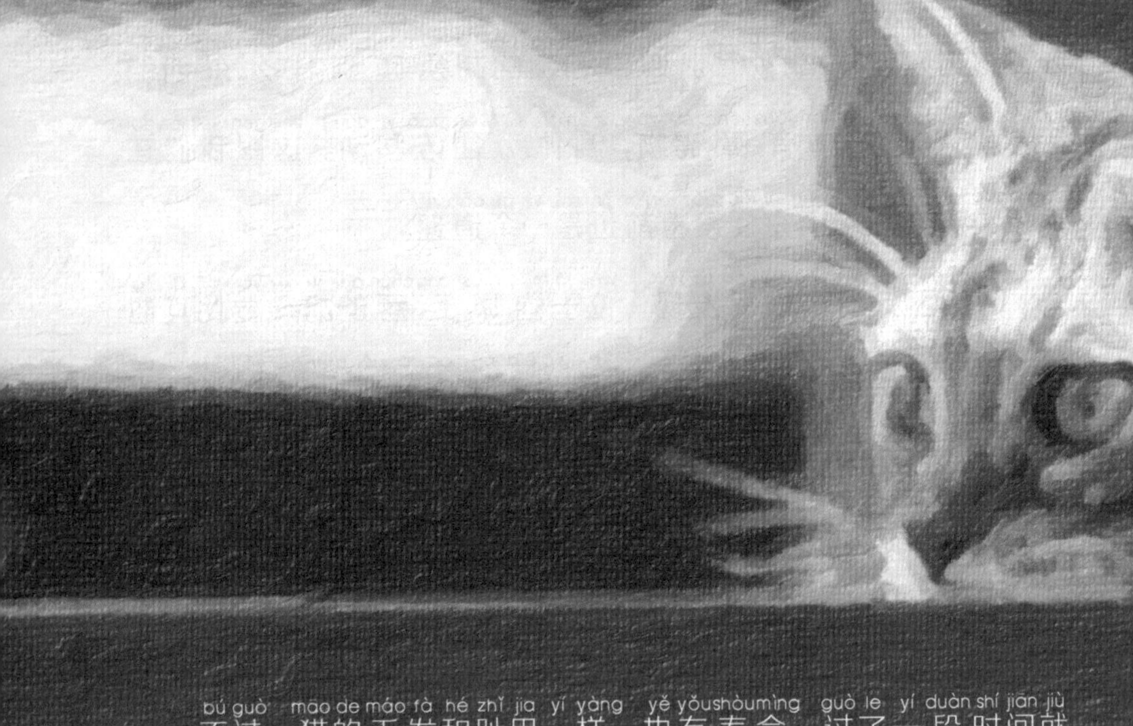

bú guò māo de máo fà hé zhǐ jia yí yàng yě yǒu shòu mìng guò le yí duàn shí jiān jiù
不过，猫的毛发和趾甲一样，也有寿命，过了一段时间就
huì tuō luò ér qiě zài tuō luò zhī qián huì biàn de yuè lái yuè xī shǎo shēn tǐ shang de máo yào
会脱落。而且在脱落之前会变得越来越稀少。身体上的毛要
bǐ hú xū de shòu mìng cháng suǒ yǐ hú xū yào bǐ tǐ máo zhǎng de cháng wèi le ràng máo de
比胡须的寿命长，所以胡须要比体毛长得长。为了让毛的

shòumìngbiàn de gèngcháng chángmáopǐnzhǒng dé dào le gǎiliáng tā men de tǐ máo yì bān
寿命变得更长，长毛品种得到了改良。它们的体毛一般
dōu bù huì tuō luò biàn de yuè lái yuècháng ér hú xū de shòumìng yě suí zhe tǐ máo de bǐ lì
都不会脱落，变得越来越长。而胡须的寿命也随着体毛的比例
yì qǐ biàncháng kě yǐ shuō māo de hú xū zhǎngdào le chāochū tā de gōngnéngsuǒ xū yào
一起变长。可以说，猫的胡须长到了超出它的功能所需要
de fàn wéi
的范围。

8 如影随形的伙伴

小朋友们，在你们的生活中是否有一个如影随形的伙伴，陪着你一起学习、一起玩耍呢？猫咪就有这样一个亲密的好伙伴时刻陪着它，那就是它们的尾巴。

大多数猫都有一条美丽而舒展的尾巴，它不仅使猫更加高贵、华丽、迷人而富有魅力，更重要的是，猫能生存到今天，它的尾巴功不可没。因为猫能放心地爬高上树，特别是从高处跳下时不会受伤，全靠尾巴能鼓动气浪，产

生缓冲，减慢下降速度，保持身体头冲上、脚朝下落地，也就是说猫尾巴有平衡身体的作用。

猫尾巴就像一个好朋友，可以随着猫咪的需要改变位置和方向。如睡眠时，猫尾巴经常围绕在猫咪身旁；雄猫小便时，尾部向左右频频颤动；在争斗搏击时，其尾巴频频左右摇摆、抽打；发现老鼠或其他猎物准备捕捉时，猫的尾巴和身体呈一条直线，随着身体下伏，与地面平行，只有尾巴尖端微微地左右摆动。此外，猫的尾巴还可以帮助小猫驱赶蚊蝇，捕捉猎物。

同时，猫尾巴的动作也常常可以传达感情，如乞食时，尾巴向上笔直翘立，尾尖向一旁或向前微弯；尾巴温和轻柔地摆动，是亲昵和高兴的表示，亦是思考时的动作；如尾巴猛力地拍打，则表示生气；当尾巴出现痉挛性活动，则大多表示愤怒和受惊；尾巴像旗杆一样笔直立起来，是满足、安全、得意的表现；尾巴有气无力地向下耷拉时，是生病、悲伤、不安、警戒、害怕的表现。

xiǎo péng you men yào zhù yì zhuā māo wěi ba shì yì zhǒng jí qí wēi xiǎn de xíng wéi
小朋友们要注意，抓猫尾巴是一种极其危险的行为，

hěn róng yì yǐn qǐ māo māo de bù ān hé fèn nù qíng xù qiān wàn bú yào yīn yì shí tān wán
很容易引起猫猫的不安和愤怒情绪，千万不要因一时贪玩，

zuì hòu bèi māo zhuā shāng yo
最后被猫抓伤哟！

miāo yán miāo yǔ

9 喵言喵语

xiǎo péng you　nǐ shì fǒu yě shì guò yǔ māo māo jìn xíng gōu tōng ne　māo mī suī rán
小朋友，你是否也试过与猫猫进行沟通呢？猫咪虽然

bú huì shuō huà　dàn shì yě yǒu tā zì jǐ de yǔ yán　tā tōng guò bù tóng de jiào shēng duō
不会说话，但是也有它自己的语言，它通过不同的叫声、多

yàng de dòng zuò　lái biǎo dá zì jǐ de yāo qiú　yì yuàn hé gǎn qíng　māo jiào yì shēng biàn
样的动作，来表达自己的要求、意愿和感情。猫叫一声便

jiá rán ér zhǐ　zuǐ ba zhāng zhe bìng bù mǎ shàng bì qǐ lái　zhè tōng cháng biǎo dá liǎng zhǒng
戛然而止，嘴巴张着并不马上闭起来，这通常表达两种

yì si　yī shì xiàng nǐ wèn hòu　lì rú nǐ cóng wài mian huí lái yí jìn mén　jiā zhōng de
意思：一是向你问候，例如你从外面回来一进门，家中的

māo jiù zhè yàng yíng jiē nǐ　èr shì tí chū mǒu zhǒng yāo qiú　rú guǒ māo shì zài bīng xiāng
猫就这样迎接你；二是提出某种要求，如果猫是在冰箱

mén qián jiào huan　shì biǎo shì tā è le　xiàng nǐ yào chī de　rú guǒ shì zài guān zhe de mén
门前叫唤，是表示它饿了，向你要吃的；如果是在关着的门

qián zhè yàng jiào　shì biǎo shì tā xiǎng chū qù wán le　māo zài shòu shāng　jí dù tòng kǔ huò
前这样叫，是表示它想出去玩了。猫在受伤、极度痛苦或

lín sǐ shí　wǎng wǎng huì dà shēng de miāo miāo jiào gè bù tíng　shòu shāng de māo duì shòu yī
临死时，往往会大声地喵喵叫个不停；受伤的猫对兽医

fā chū miāo miāo shēng　kě néng shì xū yào jiù zhù de xìn hào　duì zhǔ rén fā chū miāo miāo shēng
发出喵喵声，可能是需要救助的信号；对主人发出喵喵声，

zé kě néng shì biǎo dá duì yǒu ài de gǎn xiè
则可能是表达对友爱的感谢。

māo yǒu shí fā chū hū lū hū lū de shēng yīn zhè shì biǎo shì tā chèn xīn rú yì jiǎ
猫有时发出呼噜呼噜的声音，这是表示它称心如意。假
rú yì zhī māo shòu le shāng jí shǐ téng de lì hai dàn zhǐ yào tǎng zài zhǔ rén de huái li
如一只猫受了伤，即使疼得厉害，但只要躺在主人的怀里，
tā réng huì fā chū hū lū shēng nǐ duì māo shuō jǐ jù qīn rè huà tā kě néng huì jiù dì dǎ
它仍会发出呼噜声。你对猫说几句亲热话，它可能会就地打
gǔn shū zhǎn sì zhī zhāng kāi zuǐ ba wǔ dòng zhuǎ zi bìng qiě qīng qīng yáo dòng wěi
滚，舒展四肢，张开嘴巴，舞动爪子，并且轻轻摇动尾
shāo zhè shì biǎo shì duì zhǔ rén de wú xiàn xìn rèn duì yú mò shēng rén māo bú huì mào xiǎn
梢，这是表示对主人的无限信任。对于陌生人，猫不会冒险
zuò cǐ zī tài yīn wèi yǎng miàn tǎn fù huì shǐ tā jí yì shòu dào shāng hài
做此姿态，因为仰面袒腹会使它极易受到伤害。

10 “九条命”的猫先生

小朋友们，你们是否听过猫有“九条命”这样的传说？小猫和人类一样，都只拥有一次宝贵的生命，并不存在九条命的情况，那只是人们为猫咪编造的故事。实际上，动物的寿命一般跟体形大小有关，体形大的就活得时间长，体形小的就活得时间短。比如说，最大的哺乳类动物蓝鲸的寿命约为110岁，大象的寿命长达60岁，体形很小的老鼠寿命就只有2~3岁。不过，这些都是在“没有重大事故、饥饿发生，生活环境相对健康”的前提下。对于野生动物来说，存在的危险很多，并且，体形小的动物很有可能会被当作猎物吃掉，也就没法活那么长时间了。

据说，一只猫能活15年左右，不过这也是在“没有任何重大事故、饥饿发生，生活环境相对健康”的前提下。那些没有主人饲养的野猫，往往找不到足够的食物，而且很容易遭遇事故，所以很多会因生病或受伤而过早地死去。这跟野生动物的情况极具相似性。实际上，大多数的野猫在出生后的5年内就死去了。只有那些由人类饲养，在安全与食物方面都得到充分保障的猫才有可能生存15年左右。

而到了现代，即便是活到20岁以上的猫也不在少数了。这是由于为猫咪提供营养均衡的猫粮，不让猫咪出门，在家就能喂养好猫咪的主人越来越多。不管是什么样的疾病，主人都能将猫咪送到动物医院接受诊治，这也是猫得以长寿的一个重大原因。吉尼斯世界纪录显示，最长寿的猫活到了34岁。

延伸：猫有“九条命”的传说

一只老猫在一座庙宇门口打盹儿。据说它是一位退休的数学家，平时做事总是心不在焉而且生性懒惰。它的生活除了吃饭外就是偶尔睁开眼睛数数附近有几只苍蝇，然后又回到它沉睡的梦乡中去。有一次，掌管动物寿命长短的使者——希瓦之神恰巧经过。他看着猫身上所保存的自然优雅体态，眼睛不禁一亮。虽然它是个慵懒的胖子，希瓦之神仍然问它：“你是谁？会做什么？”老猫懒得连眼皮甚至都

méi wēi wēi zhēng kāi yí xià dū nong dào wǒ shì yì zhī hěn yǒu xué wèn de lǎo māo wǒ
没微微睁开一下，嘟哝道：“我是一只很有学问的老猫，我

hěn huì shǔ shùr miào jí le nǐ huì shǔ dào jǐ zhè hái yòng shuō ma
很会数数儿。”“妙极了！你会数到几？”“这还用说吗？

wǒ néng shǔ dào wú qióng jìn zhè yàng de huà ràng wǒ kāi xīn yī xià wèi wǒ shǔ shùr
我能数到无穷尽！”“这样的话，让我开心一下，为我数数

ba péng you shǔ ba xī wǎ zhī shén shuō dào lǎo māor lā cháng shēn zi
儿吧！朋友，数吧……”希瓦之神说道。老猫儿拉长身子

shēn le gè lǎn yāo dǎ le gè hǎo shēn hǎo shēn de hā qian rán hòu zì mìng bù fán de kāi shǐ
伸了个懒腰，打了个好深好深的哈欠，然后自命不凡地开始

niàn dào yī èr sān sì měi duō niàn yí gè shù zì shēng yīn jiù
念道：“一……二……三……四……”每多念一个数字，声音就

yuè jiā mó hu bù qīng kuài yào tīng bú jiàn le shǔ dào le qī lǎo māor yǐ jīng bàn mèng
越加模糊不清，快要听不见了。数到了七，老猫儿已经半梦

bàn xǐng shǔ dào le jiǔ tā gān cuì dǎ qǐ hū lū lái huí dào tián měi de shuì mián zhōng
半醒；数到了九，它干脆打起呼噜来，回到甜美的睡眠中。

jì rán nǐ zhǐ huì shǔ dào jiǔ wěi dà de xī wǎ zhī shén xià zhǐ dào nà jiù cì gěi nǐ
“既然你只会数到九，”伟大的希瓦之神下旨道，“那就赐给你

jiǔ tiáo mìng ba cóng cǐ māo mī men biàn yōng yǒu jiǔ cì shēng mìng
九条命吧！”从此，猫咪们便拥有九次生命。

第三章 猫的生活习惯

1 猫猫都是夜游神

和人类日出而作，日落而息的生活习惯不同，猫是夜游动物，无论家猫还是野猫都有昼伏夜出的习惯，很多活动常常是在夜间进行的，比如捕鼠、求偶交配等。猫每天最活跃的时刻是在黎明或傍晚，白天的大部分时间都在懒洋洋地休息或睡觉。我们经常会在深夜的时候，看到停车场或空地上聚集着很多猫，它们什么也不做，只是坐在那儿。相互之间隔着一段距离，既不是在打架，也不能说是在交流感情，仅是三五成群地聚在一起，过了一段时间后，又三三两两地解散。这就是猫的“夜间集会”。

这种“夜间集会”只会出现在猫咪较多的地点，猫咪少

的地方是不会见到这种现象的。猫多了，就会造成地盘的重叠。当猫在自己的地盘内走动时，发现有其他猫聚集在那儿，它们不是迅速离开，而是“不知不觉”地就停了下来。结果就演变成了一场“碰面会”，看看自己的地盘里生活着什么样的猫，从而重新掌握自己地盘的情况。然而，随

zhe dū shì lǐ yuè lái yuè duō de māo dōu zhuǎn yí dào shì nèi sì yǎng "yè jiān jí huì" yě
着都市里越来越多的猫都转移到室内饲养，“夜间集会”也

bú cháng jiàn le māo māo men yě jiù dú zì zai zì jǐ de jiā zhōng yè yóu le
不常见了，猫猫们也就独自在自己的家中夜游了。

2 爱睡觉的大懒猫

小朋友们，你们知道吗，猫咪一生中大部分时间是用来睡觉的。据说，由于猫咪喜欢睡觉的天性，为人类了解睡眠这一古老又神秘的自然现象做出了极大的贡献。今天人类对睡眠的了解大多来自于猫，因为研究者喜欢把爱睡的猫咪当作实验的对象。猫每天平均花上16个小时来睡觉。猫和人类的睡眠非常不同，我们不可能睡上三五分钟后起来忙

点别的，然后倒头再睡，但猫可以。它们可以把睡眠分成一段一段的，而且每一段看上去都睡得有滋有味。由于猫睡觉时消耗的能量很少，所以有些人认为猫睡觉不只可以恢复体力，还有节省能量、保持恒定体温的作用。

更为神奇的是，酣睡状态下的猫就像醒着时一样

敏捷，它仍然对即将来临的危险信号保持警觉。因此，小朋友们不要错误地以为抓住睡着的猫的尾巴，就可能把猫制服，因为它会立刻惊醒。当猫睡得很沉被突然唤醒时，会暂时失去方向感和平衡感，和人类睡得糊里糊涂时被叫起来的反应是一样的。同时，猫会有做梦的表现：猛然抽动、身体局部颤动，有时猫像在咬东西，一些贪嘴的猫咪还会说说梦话，是不是十分有趣呢？

gāo gāo zài shàng de māo dà ren
3 高高在上的猫大人

xiǎo péng you men yǒu méi yǒu fā xiàn māo mī hǎo xiàng hěn xǐ huan dāi zài gāo de dì
小朋友们有没有发现，猫咪好像很喜欢待在高的地
fang lì rú jiā zhōng de chú guì shàng mian yì bān lái shuō gāo dù shì dì wèi de yí gè xiàng
方，例如家中的橱柜上面。一般来说，高度是地位的一个象
zhēng rú guǒ zài jiā li yǎng le bù zhǐ yì zhī māo nà zhī zhàn jù zhì gāo diǎn de māo tōng
征，如果在家里养了不止一只猫，那只占据制高点的猫通
cháng jiù shì zhǎng quán de māo yě jiù shì shuō tā jiù shì lǎo dà
常就是掌权的猫，也就是说，它就是老大。

shì shí shang gāo dù ràng māo mī yǒu jiào jiā de shì yě zài jiào gāo de wèi zhì māo
事实上，高度让猫咪有较佳的视野。在较高的位置，猫
mī kě yǐ gèng róng yì guān chá zài tā lǐng yù fàn wéi nèi qí tā rén huò chǒng wù de dòng jing
咪可以更容易观察在它领域范围内其他人或宠物的动静。
zài yě wài gāo chù róng yì yǐn nì zì jǐ bù róng yì bèi liè wù fā xiàn zài jiào hán lěng de
在野外，高处容易隐匿自己，不容易被猎物发现。在较寒冷的
dì qū māo mī wèi le qǔ nuǎn huì tiāo bǐ jiào wēn nuǎn de dì fang ér yǒu xiē jiào gāo de dì
地区，猫咪为了取暖，会挑比较温暖的地方，而有些较高的地
fang lì rú bīng xiāng shàng fāng chú guì shàng fāng huò zhě jiē jìn nuǎn qì chū fēng kǒu děng
方，例如冰箱上方、橱柜上方，或者接近暖气出风口等
dì fang kě néng lìng tā men jué de wēn nuǎn yǐ shàng yuán yīn dū huì dǎo zhì māo mī xǐ
地方，可能令它们觉得温暖。以上原因，都会导致猫咪喜
huan dāi zài gāo chù
欢待在高处。

4 爱干净的猫

小朋友们，爸爸妈妈是不是经常告诉你们，吃饭之前要洗干净自己的小手。从小我们就应该培养起自己的健康习惯，做一个讲卫生的小朋友。实际上，小猫也是非常讲究卫生的呢！

每次吃完饭后，小猫就会开始它们繁忙的清洗活动。先用舌头舔舐嘴的四周，接着再开始“洗脸”。“洗脸”才短短两个字，但对于猫来说却是一项大工程。仔细观察会发现，每次它们最先洗的是位于嘴角的胡须。用舔过的前爪去擦胡须，再舔舐前爪，舔完再擦胡须，如此反复。胡须清理干净了，再开始全身的清洗工作。这样一来，吃完饭后嘴周

围、胡须上的污垢，以及脸上的脏东西就清洗干净了。

猫喜欢埋伏后突袭对手，所以不喜欢在身上留下任何气味。如果有体臭的话，猎物们就会发现猫的存在从而逃跑。消除体臭，是猫的最高使命。因此，不仅是为了去除污垢，同时也是为了消除体臭，才需要如此敬业地洗脸。

除了洗脸，猫还喜欢舔毛。猫的皮毛里有一种东西，被太阳一晒，就能变成有营养的维生素。猫舔毛是在吃维生素，而不是在洗澡。在猫舌上有很多倒刺，猫在做这个动作的时候就极可能将很多脱落的毛发卷到肚子里去，这些毛发是不易消化的，会淤积在肠道形成毛球，有时猫会出现自发的呕吐，将毛球吐出，但也有淤积较多吐不出来的。户外的猫会去找一些草吃下，再刺激自己吐出毛球。但家养的猫可就没办法了，那就需要主人为它准备去毛球膏定期喂，避免猫咪生病，并且还要经常帮它们梳理脱落的毛发。

猫通常有固定的排便处所，排便后还会用沙土将粪便掩盖上。这一“卫生习惯”得益于它的祖先——野猫。野猫为了防止天敌根据其粪便的气味发现它、追踪它，于是就将粪便掩盖起来。家猫也因为这些习惯而得到了爱清洁、讲卫生的美名。

小知识：为什么猫都怕水

研究显示，家猫起源于非洲野猫和亚洲沙漠猫，生存环境主要是在沙漠或草原，都是水源不多的地方。所以家猫一般都是“旱鸭子”，生性怕水。有人认为可以在家猫小的时候通过洗澡来训练它不怕水，但大多数兽医不建议用这种方法。

猫本身具备保持它自己清洁的能力，经常洗澡反而会使家猫的皮肤变得干燥，所以不给家猫洗澡对它更有好处。

5 千里寻家的小猫

过去人们常说："狗恋人，猫恋家。"即使主人搬家了狗也会跟随着，而猫则会跑回原来的家。过着群居生活的狗，把主人当成是自己群体里的领导者，将家人当成群体的成员，认为守护家人是自己的使命，所以能够成为看家狗。而且，它们觉得能跟家人一起生活是最幸福的事情，因此只要跟家人在一起，哪儿都会去。所以说它"恋人"。而至于说"猫恋家"，过去跟现在的情况应该是不一样的。过去

的猫都是在家中或家的附近逮老鼠吃。对于完全属于肉食动物的猫来说，主人给的剩菜剩饭的营养不足，只能靠自己出去猎食填饱肚子。人类非常感激猫为自己消灭了老鼠，正是为了让猫捉老鼠，才将猫长时间地放养在外面。对于这些猫来说，家的周围就成了自己的狩猎场。如果主人搬到

了其他地方，它们肯定会回到能够确保自己捕捉猎物、过去属于自己地盘的狩猎场。因为食物不是主人给予的，而是自己在家的周围捕获的。“猫恋家”其实是这么一回事。

在澳大利亚，有这样一只“恋家”的猫咪叫作杰西，它随主人谢丽·凯尔从澳大利亚南部的安加拉搬到达尔文市附近的百丽泉，然而不久后杰西就失踪了。一年多以后，凯尔旧宅的新住户发现一只奇怪的猫咪在房屋周围转来转去。他拍了一张照片寄给凯尔，最终确认这只猫就是杰西。杰西用了一年多的时间，行走了3000多千米返回旧居，期间还曾穿越沙漠。如果猫随主人搬到一个很远的地方，回不到原来的家了，猫就只能重新建立起自己的地盘了。

6、个人领地的卫士

猫咪是领域性很强的动物，对于自己地盘上的物体都会标上记号。小朋友们，请开动你们聪明的脑筋，想一想小猫要如何标上记号呢？是通过贴标签，还是签名留念？

原来，在猫咪的脖子两侧有一种特殊的腺体，会分泌出本身特殊的气味，而猫咪就会将这些气味以摩擦的方式涂抹在环境中的直立物上，如桌脚、椅脚、门框及人的脚等，用以标识它的领域，表示“这东西是我的啦”，由于这样的气味并不持久，所以猫咪每天必须要巡视领域多次，如果气味消退了，它就会再摩擦补上。如果有小猫对着你的裤管猛蹭时，那么它很有可能不是在撒娇，而是在做记号。

如果猫咪领域中的某些对象发生了气味的改变，或者对象本身的气味无法掩盖时，就会让猫咪感到极度不安，幻想有其他猫咪入侵领域，这时就必须用更激烈的手段来确定自己的领域了。难道小猫要一直用脖子去摩擦吗？脖子可能会扭到哟！猫咪可不会这么笨，最简单的方法就是撒几滴尿。每只猫的尿味都不同，猫咪可以利用这样的方式来确认领域，让对象及环境中充满自己的尿味，让自己更加心安。

dì sì zhāng gēn zhe māo māo qù lǚ xíng
第四章 跟着猫猫去旅行

yīng huā zhī guó de māo wén huà
1 樱花之国的猫文化

xiǎo péng you men nǐ men shì fǒu qù guò měi lì de yīng huā zhī guó rì běn ne zài
小朋友们，你们是否去过美丽的樱花之国日本呢？在
rì běn māo shì zuì shòu huān yíng de chǒng wù zhī yī zài rì běn rén xīn mù zhōng yǒu zhe tè
日本，猫是最受欢迎的宠物之一，在日本人心目中有着特
shū de dì wèi rì běn rén xǐ huan jiè zhù māo lái biǎo dá zì jǐ de gǎn qíng zài cháng qī de
殊的地位。日本人喜欢借助猫来表达自己的感情，在长期的

生活中逐渐形成了独树一帜的猫文化。从关于猫的很多传说故事、文学作品中可以看出猫文化的发展及日本人独特的爱猫情结。

日本的奈良时期，为了防止佛教经书被鼠类咬坏，猫和佛教经书一起经由中国引进日本。最初只有皇室成员才能饲养猫，因此它是权势的象征。到了明治时期，猫走进了千家万户，饲养猫的风气达到了鼎盛。

日本人长期与猫一起生活，创造了大量的以猫为原型的文学艺术形象，比如招财猫、夏目漱石的文学作品《我是猫》、卡通形象哆啦A梦机器猫，和Hello Kitty，等等。这些艺术形象的产生和日本人对待猫所特有的情结是密不可分的。日本人认为，猫是高贵的，有神性的，猫得到人类各种细致的呵护和照顾，各种爱猫产品、爱猫服务数不胜数。

在东京的“今户神社”，可以在殿前看到两只巨大的招财猫。还出售两只招财猫联结在一起的“结缘猫”。而在东京还有一间豪德寺，它被称为“猫寺”，寺内遍地是参拜者供奉的招财猫，里面到底有多少只猫，居然无法准确统计。

小朋友们，许多日本古典文学作品，其中都有关于猫的故事，比如《草枕子》《源氏物语》等。日本文豪夏目漱石的小说《我是猫》，更是把猫人格化，假猫之口发泄对社会的嘲笑和不满。而赤川次郎的《三毛猫》、宫崎骏的《猫的报恩》等更是日本的畅销书。

日语中很多词语与猫有关，使用频率极高，这些词语和

猫的特性有关，生动形象、诙谐幽默。比如，用“猫眼”描述瞬息万变。不能吃热东西的人被称为“猫舌”，把面积狭窄称为“猫额”，把软头发称为“猫毛”。而“老鼠药”在日本叫作“不需要猫”。每年2月22日在日本被称为“猫日”，因为猫的叫声与日语“2”的发音非常相似。

2 探秘土耳其国宝

世界上有一个国家叫作土耳其，在土耳其境内有一个最大的湖泊叫作凡湖。在凡湖附近的凡城里，生活着一种被称为“土耳其国宝”的凡湖猫。

凡湖猫的近亲是波斯猫，但是它与波斯猫的长相却大相径庭。波斯猫都是长毛的，而凡湖猫中，有近一半长着丝般长毛，另一半则长着天鹅绒般的短毛。按眼睛的颜色进行分类，凡湖猫可分为三种：第一种双眼均为蓝色；

dì èr zhǒng shuāng yǎn jūn wéi hǔ pò sè huò huáng sè dì sān zhǒng yì zhī yǎn wéi lán sè
第二种双眼均为琥珀色或黄色；第三种一只眼为蓝色、
yì zhī yǎn wéi hǔ pò sè huò huáng sè fán hú māo de māo zǎir liǎng ěr zhī jiān yǒu yí gè huò
一只眼为琥珀色或黄色。凡湖猫的猫崽儿两耳之间有一个或
liǎng gè hēi diǎn liǎng gè hēi diǎn de dà duō wéi dān yǎn yīn ér zhè zhǒng hēi diǎn jī hū
两个黑点，两个黑点的大多为“单眼”，因而这种黑点几乎
bèi shì wéi qū fēn zǐ māo shì fǒu dān yǎn de jī běn yī jù
被视为区分仔猫是否“单眼”的基本依据。

zài fán chéng zuì míng xiǎn de biāo zhì shì yí zuò hǎo jǐ mǐ gāo de fán hú māo diāo
在凡城，最明显的标志是一座好几米高的凡湖猫雕
xiàng liǎng zhī fán hú māo jiàn shuò zì xìn pō yǒu wáng zhě zhī fēng jù dāng dì rén shuō
像，两只凡湖猫健硕自信，颇有王者之风。据当地人说，
zhè zhǒng māo kě wèi māo zhōng zūn zhě zài yě shēng huán jìng zhōng huì bǔ shí lǎo shǔ xiǎo
这种猫可谓猫中尊者，在野生环境中会捕食老鼠、小

鸟、蜥蜴、小虫等，但在家养环境中却能与主人院中的雏鸡、小鸟、狗等动物和平相处，并且从不偷吃主人家厨房中的肉和奶。凡湖猫的高贵也表现在良好的生活习性上。它们不到垃圾中寻食，不吃腐物剩食，进餐后会用爪子把嘴和脸打理得干干净净，对居住环境也很讲究，不会随处方便。

一般来说，猫是不喜欢入水的，也不能长时间浮水，因为毛浸湿后猫身变沉会使其溺水而亡。但凡湖猫恰恰相反，不但爱在水边戏耍，而且会游泳。这种

习性也许是因为凡湖猫历代在凡湖这个地方生活，因河流湖泊众多，而练成了游泳的技能。据说，过去凡城几乎家家户户都养这种猫。不过，随着城市的变迁，许多猫或被送礼或被出售或被盗捕，如今凡湖猫数量已经大为减少，不但凡城很难见到，即使在土耳其首都安卡拉市中心的大宠物市场，也未必能找到一只凡湖猫。为了保护“土耳其国宝”，

凡城省政府和当地的大学合作开展了多方面工作，为凡湖猫做了许多保护措施。

如今，有很多游客专门为了寻找凡湖猫的踪迹来到凡城。虽然游客只能在当地大学的研究所外面看到被围在铁栅栏里晒太阳的凡湖猫，但会做生意的土耳其老板们往往在自己的店铺前摆放几只凡湖猫的雕像以招揽顾客。在这个小城，凡湖猫就是一张最响亮的名片。

3 埃及的夜灵暗使

小朋友们，你们知道埃及这个国家吗？埃及是四大文明古国之一。在古代埃及，人们喜欢给他们看到的一切事物赋予神性，在他们眼中，太阳是众神之首，月亮是女神伊西斯，天空、大地、空气、风暴、野兽、飞禽、植物……甚至羽毛，都一一被赋予了神的力量，当然，本书的主人公猫咪也不例外。

传说在古代，埃及和波斯两个国家发生了战争。一次，两国在尼罗河三角洲上的古城发生激战，双方势均力敌，

xiāng chí bú xià hòu lái bō sī rén xiǎng chū le yí gè dǎ bài dí fāng de bàn fǎ tā men
相持不下。后来，波斯人想出了一个打败敌方的办法，他们

zhī dào āi jí rén chóng bài māo jiù zhǎo lái hǎo duō jiā māo dāng shuāng fāng shì bīng jiāo zhàn
知道埃及人崇拜猫，就找来好多家猫，当双方士兵交战

shí bō sī shì bīng tū rán bǎ māo rēng dào āi jí shì bīng de shēn shang āi jí rén yí jiàn dào
时，波斯士兵突然把猫扔到埃及士兵的身上。埃及人一见到

māo gè gè jīng huāng shī cuò wú xīn liàn zhàn bō sī jūn duì chéng jī yì yōng ér shàng dǎ
猫，个个惊慌失措，无心恋战，波斯军队乘机一拥而上，打

bài le āi jí rén gōng xià le pèi lǔ sī chéng
败了埃及人，攻下了佩鲁斯城。

gǔ āi jí rén bǎ māo fèng wéi yuè liang nǚ shén de huà shēn shì yè líng de àn shǐ yīn
古埃及人把猫奉为月亮女神的化身，是夜灵的暗使，因

wèi yuè liang nǚ shén qiáng dà wú bǐ shì zhuān mén zhǎng guǎn yuè liang shēng yù hé guǒ shí
为月亮女神强大无比，是专门掌管月亮、生育和果实

fēngshōu zhī shén māo de mǒu xiē shēnghuó xí xìng hé shēng lǐ tè zhēng zhènghǎo hé yuèliang
丰收之神。猫的某些生活习性和生理特征，正好和月亮

nǚ shén de zhí zé xiāng fú hé yě jiù hěn zì rán de hé yuèliang nǚ shén lián xì dào yì qǐ
女神的职责相符合，也就很自然地和月亮女神联系到一起

le bìng qiě yuèliang nǚ shén de xíngxiàng yě bèi miáo huì chéng rén shēn māo tóu shèn zhì
了。并且，月亮女神的形象也被描绘成人身猫头，甚至

nǚ shén de xiōng di tài yángshén yě bèi miáo huì chénggōngmāo de xíngxiàng zài āi jí yuè
女神的兄弟太阳神也被描绘成公猫的形象。在埃及，月

liang nǚ shén shì māo de lǐng xiù yǒumāoqúnxiāngbàn yīn cǐ māo zài āi jí bèi shì wéishèng
亮女神是猫的领袖，有猫群相伴，因此猫在埃及被视为圣

shòu xǔ duōmiào yǔ sì yǎngmāo bìng àn yí shì wèi shí tā men zài gǔ āi jí liú làng
兽，许多庙宇饲养猫，并按仪式喂食它们。在古埃及，流浪

māo huì shòudàoshàndài jiā māo zé néngfēnxiǎng jiā tíng shí wù
猫会受到善待，家猫则能分享家庭食物。

古埃及人用所有能够找到的材料制造以猫为形象的护身符、装饰品和艺术品，从石头到黄金，从纸草画到随身佩戴的首饰，再到神庙中巨大的神像，他们认为这些物品能够保佑自己和家人免受邪恶的侵害，并给他们带来快乐与富足。

他们喜爱猫，在家中或者神庙豢养猫，喂养它们甚至成了某种形式的宗教仪式。除了将活着的猫奉若神灵，古埃及人还要为死去的猫举行隆重的葬礼。养猫人家

的猫死后，全家都要佩戴长纱，剃眉削发，以示哀悼。不论是穷人还是富人，在饲养的猫死后，都要给猫涂上香料和防腐剂，放进特制的棺材中，有的还特意用金银铸造，镶嵌名贵的宝石。然后把这些棺材送到神庙附近下葬。陪葬品除了涂有防腐香料的老鼠外，还有许多金银铸造的猫形雕

xiàng qiān zī bǎi tài zàoxíngjiǒng yì zài chóngbài nǚ shén de zhōng xīn bù bā sī dì dì
像，千姿百态，造型迥异。在崇拜女神的中心布巴斯蒂地
qū jiù chūxiàn le yí gè dà xíng de māo mù de rénmen bǎ sǐ qù māo mī de tóu bù yòng
区，就出现了一个大型的猫墓地。人们把死去猫咪的头部用
shí gāodìngxíng zài shì yǐ cǎi huì yǐ zhèzhǒngxíng shì zhì zuòchūmāo mù nǎi yī
石膏定型，再饰以彩绘。以这种形式制作出猫木乃伊。

4 崇国夫人与猫

小朋友们，猫在我国的家养历史可以追溯到西汉时期，因此，历史上流传着许多与猫相关的故事和传说。在今天的生活中，许多人是爱猫一族，在古代也不例外。说到宠猫，不得不提我国南宋的“崇国夫人”。虽说是夫人，但实际上她只是个七八岁的小妹妹。之所以能获封上“崇国夫人”这样的尊号，是因为她的爷爷是当朝宰相秦桧。

这位崇国小妹妹非常喜欢猫，在家中养了不少小猫。其中有一只狮子猫得到主人最多的宠爱。但世事难料，这只备受关爱的狮子猫某天忽然起了叛逆心，离家出走不知所踪，这下可不得了了。此猫是崇国小妹妹最宠爱的猫，崇国小妹妹是秦桧最宠爱的孙女，秦桧乃南宋朝廷最受宠的权臣。这一连串“宠”下来，倒霉的可就是当时临安府的大小官员了。

据说当时临安府知府出动了所有能调动的兵马，全部上街找猫。大街小巷的酒楼茶馆贴了几百张猫的画像，而且还有几百个无辜老百姓因被疑偷猫而遭逮捕……这么折腾了一圈下来，竟然也找不到那只猫的下落。没有办法，临安府只好想尽办法弄了一只名贵的“金猫”送给崇国小妹妹。猜想这金猫可能是毛色金黄的真猫，爱猫的崇国小妹妹有了新宠物，这事才算糊弄过去。

除了崇国夫人，我国著名爱国诗人陆游也是个爱猫的人，还曾写过“裹盐迎得小狸奴”的诗句。“狸奴”就是指猫。但“裹盐”是什么意思呢？其实，这是古代关于猫的一种风俗。宋朝人把接猫回家当作一件非常重要的事情。

yǒu yí gè hěn yǒu qù de shuō fǎ shuō rú guǒ shì zhǔ rén de māo suǒ shēng de xiǎo
有一个很有趣的说法，说如果是主人的猫所生的小

māo nà me jiù yào gěi zhǔ rén yán rú guǒ shì yě māo de xiǎo māo huò zhě māo fàn
猫，那么就要给主人盐；如果是野猫的小猫或者猫贩

zi de māo jiù yào jiāng xiǎo yú chuān chéng yí chuàn gěi mǔ māo sòng qù biǎo shì
子的猫，就要将小鱼穿成一串，给母猫送去，表示

zhèng zhòng wǒ guó gǔ dài guān yú ài māo de xí sú shì bú shì hěn yǒu qù ne
郑重。我国古代关于爱猫的习俗是不是很有趣呢？

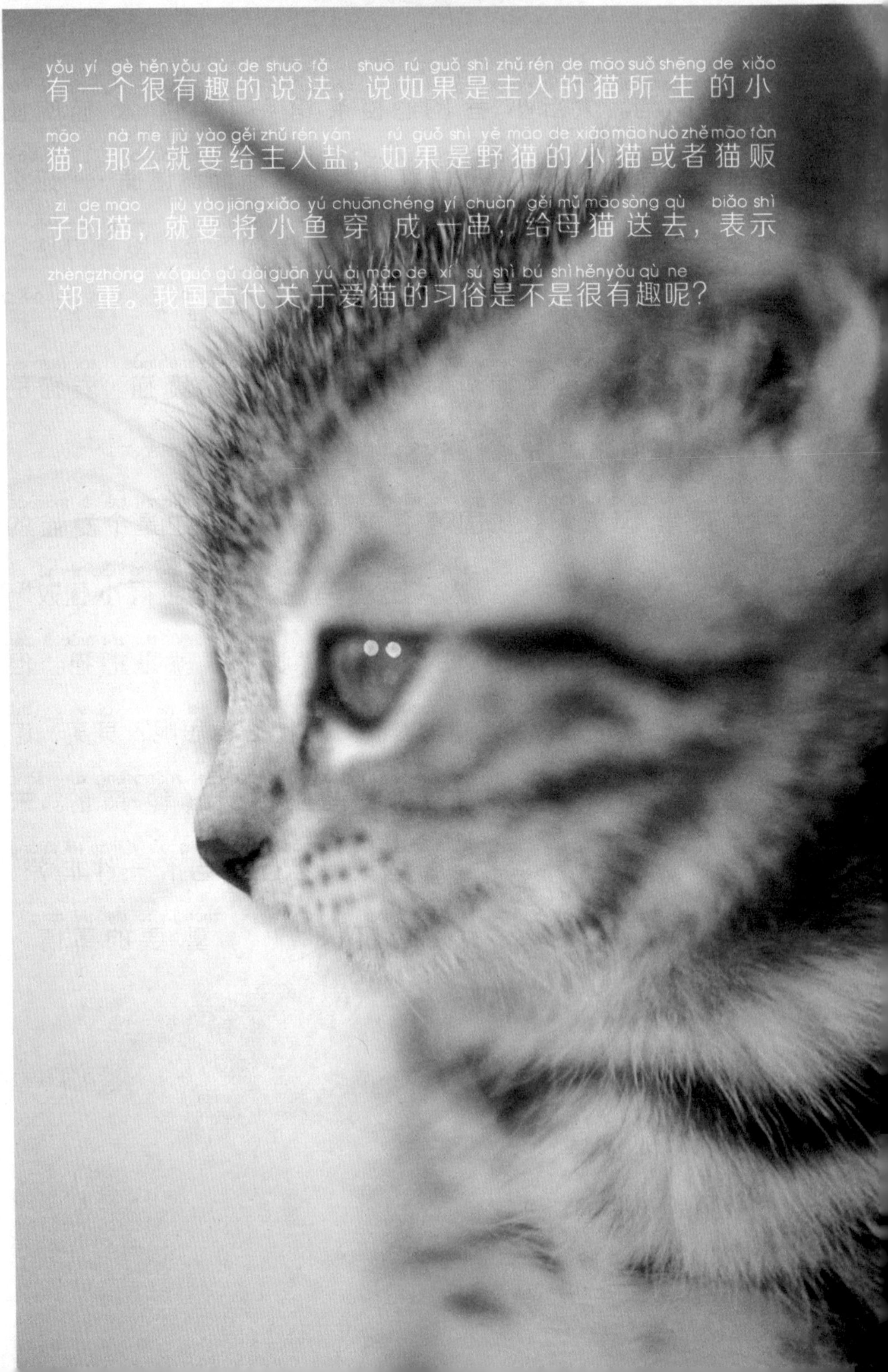

延伸：为什么十二生肖中没有猫

据说上古时候，人们是没有生肖的，于是，玉帝就想给人们排生肖，可是，怎么排呢？玉帝想了个办法……他决定在天庭召开一个生肖大会，在大会上选出入选生肖的动物。各种动物都接到了玉帝召开生肖大会的圣旨，圣旨上还规定了到会的时间。那时候，猫和老鼠是非常好的朋友，像亲兄弟一样，开生肖大会的圣旨送到了猫和

老鼠那里，它们都很高兴，决定一起去参加。但是猫很喜欢打盹儿睡觉，所以在开会前一天，它就跟老鼠说：“鼠弟，你知道我是很喜欢打瞌睡的，明天去开会的时候，要是我睡着了，你叫我一声。”老鼠拍着胸脯说：“猫大哥，你放心睡好了，到时候我保证会叫醒你的。”猫于是放心地睡着了。第二天，老鼠起得很早，自己偷偷地上天庭去了，根本就没有叫醒熟睡的猫。猫醒来后，一看时间就要到了，赶快一路飞奔。到了天庭，可是已经有十二种动物在它之前赶到了，而且老鼠排在了第一位，猫失去了列入十二生肖的机会。因此它痛恨老鼠。从那以后，猫看见老鼠就抓。